FOTOGRAFÍAS: portada, pp. 19, 20, 21 y 28 (superior), Frank Spooner Pictures; pp. 4-5, 9, 14, 16 y 29 (inferior), Topham Picture Source; pp. 7 y 10-11, Robert Harding Picture Library; p. 13, Greenpeace; pp. 15 y 30 (superior), Network; p. 17, The Environmental Picture Library; p. 22, Magnum; p. 24, Reeve Photographic Services; pp. 24-25, BPL Photographic Services; p. 28 (inferior), Roger Vlitos; pp. 29 (superior) y 30 (inferior), The Hutchison Library. ILUSTRACIONES: Ian Moores.

Colección coordinada por **Paz Barroso** y **María Córdoba**

Traducción del inglés: Fernando Bort
Título original: TOXIC WASTE

Un libro de Aladdin Books. Publicado por primera vez en inglés como *Save our Earth.* Diseñado y dirigido por Aladdin Books Limited.

Joaquín Turina, 39 - 28044 Madrid

El autor, **Tony Hare**, es escritor, ecologista y presentador de televisión. Trabaja para varias organizaciones de medio ambiente, entre ellas el London Wildlife Trust, la British Association of Nature Conservationists y Plantlife.

Asesores: **Madeleine Cobbing** trabaja para Greenpeace, en sus campañas en contra de los residuos tóxicos.
Jack Karas es investigador y trabaja en el Departamento de Investigación del Clima en la Universidad de East Anglia, Gran Bretaña.

Comercializa: CESMA, S.A. - Aguacate, 25 - 28044 Madrid

ISBN: 84-348-3490-1
Depósito legal: M-25.755-1991
Fotocomposición: Grafilia, S.L.
Impreso en España / *Printed in Spain*
Imprenta: Melsa. Ctra. de Fuenlabrada a Pinto, km. 21,800. Pinto (Madrid)

ECOLECCIÓN TIERRAVIVA

LOS RESIDUOS TÓXICOS

Tony Hare

Asesores: Madeleine Cobbing y Jacky Karas

ediciones sm Joaquín Turina 39 28044 Madrid

ÍNDICE

INTRODUCCIÓN

Todo lo que se desecha después de ser utilizado son **residuos**. Los residuos se producen como resultado de muchas de nuestras actividades, desde la agricultura hasta la industria química. Todos los residuos pueden ser perjudiciales, incluso la basura doméstica. Pero existe un tipo de residuos particularmente peligroso y dañino: los residuos tóxicos.

Cualquier desperdicio que resulte venenoso para las personas o para la vida salvaje se define como tóxico. Algunos residuos **radiactivos** producidos por las centrales nucleares también son dañinos para los seres vivos, pero se suelen considerar aparte de los elementos químicos tóxicos. Los residuos tóxicos pueden ocasionar enfermedades e, incluso, la muerte, envenenando a los organismos que entran en contacto directo con ellos o filtrándose en el medio ambiente y acumulándose en la **cadena alimentaria**.

Por ello debemos mantener los residuos tóxicos lejos de los seres vivos. Y existen varias formas para hacerlo, bien sea enterrándolos, quemándolos o arrojándolos en vertederos. Por desgracia, estos métodos no siempre funcionan a la perfección: los residuos tóxicos pueden seguir siendo dañinos si hay fugas en un vertedero o si liberan gases venenosos cuando son **incinerados.**

Dependemos de muchos procesos industriales que originan residuos tóxicos, como la obtención de metales y plásticos. También empleamos sustancias tóxicas en nuestras propias casas. Todos los años producimos millones de toneladas de residuos peligrosos de los que nos tenemos de deshacer. Aún más preocupantes son los lugares en todo el mundo donde se arrojaban desperdicios antes de que se conociera el peligro que acarreaban.

Las palabras que aparecen en **negrita** vienen explicadas en el vocabulario que hay al final del libro.

◀ Los residuos tóxicos contaminan los ríos, los mares, el suelo y el aire. La mayoría de los desechos peligrosos es producto de la industria química, aunque estas fábricas no son las únicas que los producen. Estos bidones contienen residuos de una mina. Pero también algunos establecimientos pequeños, como las gasolineras, por ejemplo, contribuyen a la producción de residuos tóxicos.

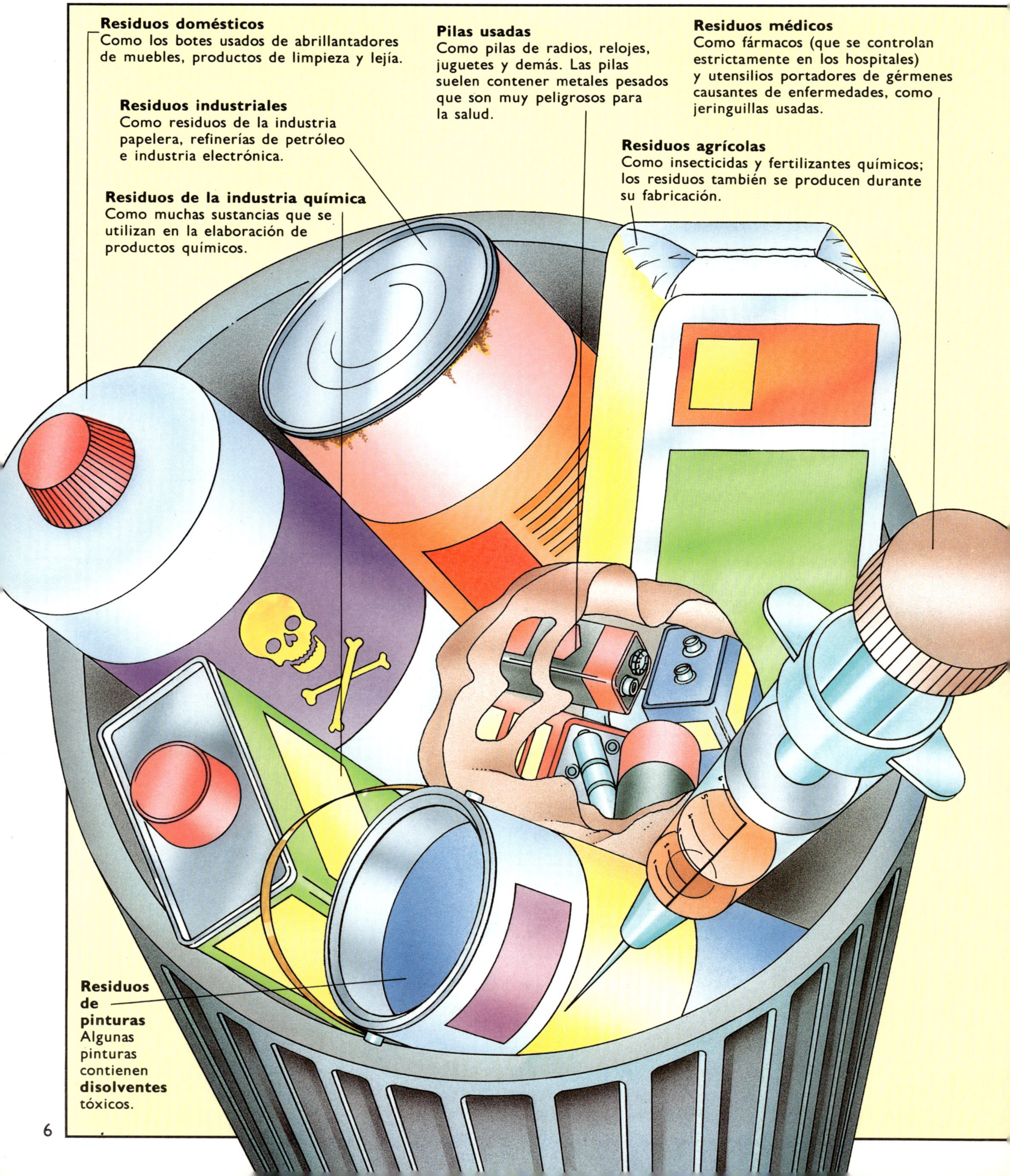
Residuos domésticos
Como los botes usados de abrillantadores de muebles, productos de limpieza y lejía.
Residuos industriales
Como residuos de la industria papelera, refinerías de petróleo e industria electrónica.
Residuos de la industria química
Como muchas sustancias que se utilizan en la elaboración de productos químicos.
Pilas usadas
Como pilas de radios, relojes, juguetes y demás. Las pilas suelen contener metales pesados que son muy peligrosos para la salud.
Residuos médicos
Como fármacos (que se controlan estrictamente en los hospitales) y utensilios portadores de gérmenes causantes de enfermedades, como jeringuillas usadas.
Residuos agrícolas
Como insecticidas y fertilizantes químicos; los residuos también se producen durante su fabricación.
Residuos de pinturas
Algunas pinturas contienen **disolventes** tóxicos.

¿DE DÓNDE VIENEN?

◄ Los residuos tóxicos se pueden producir también en nuestras casas. Arrojamos los productos que usamos para limpiar los sanitarios por nuestros desagües, y las botellas de los insecticidas que usamos en nuestros jardines las tiramos a la basura. Hasta los televisores viejos que se tiran a los basureros pueden liberar compuestos venenosos. Aquí se muestran algunas importantes fuentes de residuos tóxicos. Además, hay que añadir los gases que crean la contaminación atmosférica. Estos gases nocivos se producen en la combustión de la gasolina de los coches y al quemar gas o petróleo en las calderas de nuestras calefacciones.

Aproximadamente el 90% de los residuos tóxicos proviene de la actividad industrial. Las fábricas generan residuos cuando elaboran sus productos. A veces utilizan compuestos venenosos en los procesos de fabricación. Los residuos que generan —e incluso los mismos productos cuando se desechan— pueden ser tóxicos. Por ejemplo, la fabricación de cintas de vídeo produce una sustancia peligrosa, el sulfato de amonio. Y la carcasa de las cintas se fabrica, frecuentemente, con plástico PVC (cloruro de polivinilo), que contiene materias tóxicas como el cloro.

Muchos productos de la industria son vitales. En medicina se utilizan fármacos para curar a las personas y anestésicos para las operaciones quirúrgicas. En todo el mundo, los agricultores utilizan insecticidas para combatir las plagas de insectos que podrían destruir sus cosechas. Las fábricas producen cosméticos, conservantes que mantienen los alimentos frescos y productos de limpieza para nuestros hogares. Pero la elaboración de todos estos productos puede producir residuos tóxicos.

Se calcula que en todo el mundo se producen unos 400 millones de toneladas de residuos tóxicos al año. La cantidad es difícil de calcular, pues cada país tiene una opinión diferente de lo que se debe etiquetar como «residuo tóxico». Estos residuos se almacenan con frecuencia en bidones metálicos que llevan señales de advertencia acerca de su contenido. Estos bidones se almacenan en lugares especiales.

¿QUÉ SON LOS RESIDUOS TÓX

Muchas clases de desechos pueden resultar peligrosas. Incluso la comida puede ser perjudicial para la salud si se desarrollan en ella las bacterias que ocasionan la intoxicación alimentaria. Los residuos tóxicos se caracterizan por tener siempre sustancias nocivas.

Los compuestos **organoclorados** han causado problemas de amplia repercusión. Se trata de un grupo de sustancias con una estructura química similar. Entre ellas hay insecticidas y disolventes, así como **BPCs** (sustancias químicas muy utilizadas en la industria electrónica). Los compuestos organoclorados pueden dañar el hígado y los riñones, y, en algunos casos, pueden producir cáncer.

Los metales pesados, como el mercurio y el cadmio, son sustancias venenosas que se encuentran en productos como las pilas y la pintura. El mercurio puede afectar al sistema nervioso y producir defectos de nacimiento. Los ácidos, que pueden ser mortales si penetran en el cuerpo, se utilizan en la industria química. Algunas sustancias tóxicas son peligrosas en cantidades muy pequeñas, mientras que otras sólo son dañinas en cantidades muy elevadas.

▶ Las *dioxinas* son sustancias tóxicas del grupo de los organoclorados. Se supone que pueden producir cáncer, defectos de nacimiento, problemas en la piel y otras enfermedades si se ingieren con los alimentos o se respiran. Los residuos de los blanqueadores que se utilizan en la industria papelera contienen dioxinas. Éstas también se pueden formar cuando se queman ciertos residuos en los hornos incineradores. Si los residuos no se queman de forma adecuada, el carbono, oxígeno, hidrógeno y cloro pueden combinarse para formar dioxinas.

UNA DE LAS FORMAS EN QUE SE PRODUCEN LAS DIOXINAS

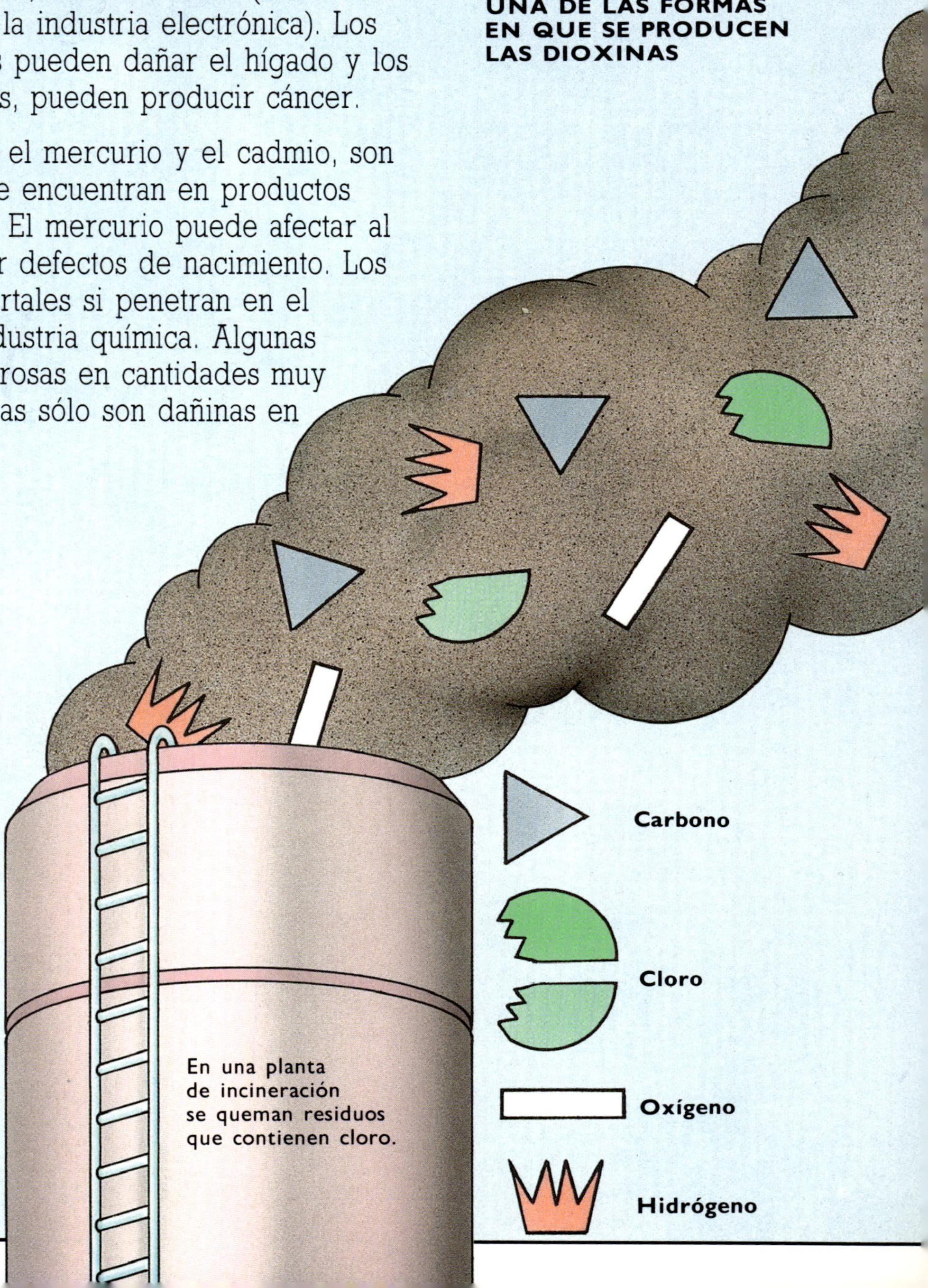

…OS?

► Las centrales nucleares producen electricidad a partir de la fisión, es decir, la desintegración de los átomos en otros más pequeños, lo cual libera energía. Durante este proceso se producen residuos radiactivos. La radiactividad puede dañar la salud, pues afecta a las células y puede producir cáncer. Gran parte de los residuos radiactivos menos peligrosos se almacena en vertederos subterráneos como éste. Pero algunos de ellos siguen siendo peligrosos durante miles de años.

LOS VERTIDOS EN LOS RÍOS

El agua dulce de lagos y ríos es vital para las personas y para la vida salvaje. Sin embargo, las industrias que se establecen junto a sus orillas suelen utilizar su agua para los sistemas de refrigeración y para otros fines. Algunas de ellas se deshacen de sus residuos líquidos canalizándolos hasta los ríos.

Estos residuos son a veces tóxicos. Algunos compuestos, como las dioxinas, pueden provenir de los vertidos industriales. El río Rin, por ejemplo, está extremadamente contaminado por los residuos industriales, y el río Tinto es uno de los entornos españoles más gravemente afectados por los vertidos industriales. Aunque las aguas residuales se degradan de forma natural, una gran concentración de ellas puede causar la muerte a los organismos que viven en las aguas dulces y puede transmitir enfermedades.

Los ríos también pueden contaminarse con los insecticidas y fertilizantes que se utilizan en la agricultura para combatir las plagas y mejorar el crecimiento de las cosechas. Parte de estos elementos se convierte en residuos, ya que las plantas no pueden absorber todos los compuestos y la lluvia puede arrastrarlos fuera de las tierras de cultivo.

▼ Aunque en muchos países se han aprobado leyes que limitan los vertidos de residuos tóxicos en los ríos, hay sustancias peligrosas que son vertidas al medio ambiente de forma regular. Muchos lagos y ríos en todo el mundo se han envenenado. Los Grandes Lagos, en la frontera entre Canadá y Estados Unidos, reciben los vertidos tóxicos de las fábricas que los rodean. En algunos países en vías de desarrollo, como Chile, los compuestos tóxicos acaban con la vida que hay en las aguas dulces (abajo).

▼ Las aguas residuales no son realmente residuos tóxicos. Sin embargo, pueden resultar perjudiciales y tóxicas si las fábricas vierten compuestos químicos en el alcantarillado. Además, en las viviendas se arrojan productos de limpieza por los desagües. Y estos compuestos pueden dañar el medio ambiente cuando se mezclan con las aguas residuales.

CÓMO LLEGAN LOS RESIDUOS TÓXICOS A LAS AGUAS RESIDUALES

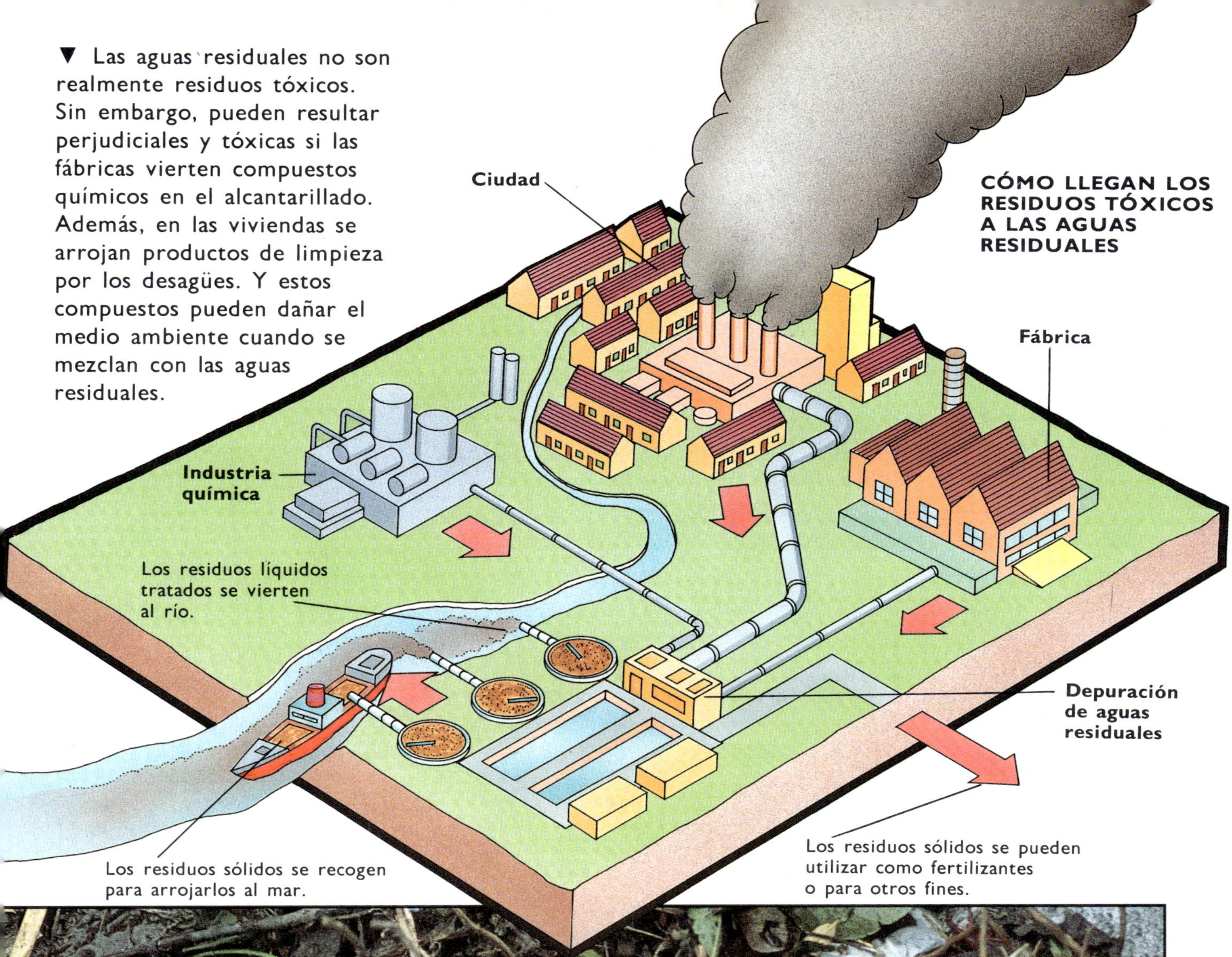

LAS PLANTAS INCINERADORAS

Son uno de los métodos que se utilizan para deshacerse de los residuos tóxicos. Muchos hornos incineradores modernos están diseñados para quemar los residuos a temperaturas muy altas con el fin de reducir la cantidad de desecho y convertir las sustancias tóxicas en compuestos menos perjudiciales.

Cuando se queman los residuos, una parte se convierte en cenizas, y otra, en gases. Las cenizas suelen ser tratadas y, después, arrojadas a los vertederos subterráneos. Se dice que las mejores plantas incineradoras destruyen o eliminan más del 99,99% de las sustancias tóxicas.

En los Países Bajos y Dinamarca, entre el 20 y el 30% de los residuos industriales se queman en estas plantas. En ocasiones, la combustión de residuos se aprovecha para las calefacciones domésticas. Sin embargo, la incineración tiene sus inconvenientes. Ciertos residuos, como los metales, no pueden destruirse con la combustión y forman parte del material de desecho que permanece en la planta incineradora, o bien escapan por la chimenea durante la combustión. Por otra parte, al quemar los residuos se pueden formar nuevas sustancias tóxicas.

▼ En una planta incineradora de residuos industriales se lleva a cabo una serie de operaciones, desde la quema de los residuos hasta el filtrado de las sustancias tóxicas que puedan permanecer. Generalmente se admite que la incineración es la forma más segura de tratar los residuos. Sin embargo, en Suecia ha sido necesario regular más severamente su uso a partir del hallazgo, en algunos alimentos, de altos niveles de dioxinas, que se cree fueron originadas en parte por las emisiones de los hornos incineradores.

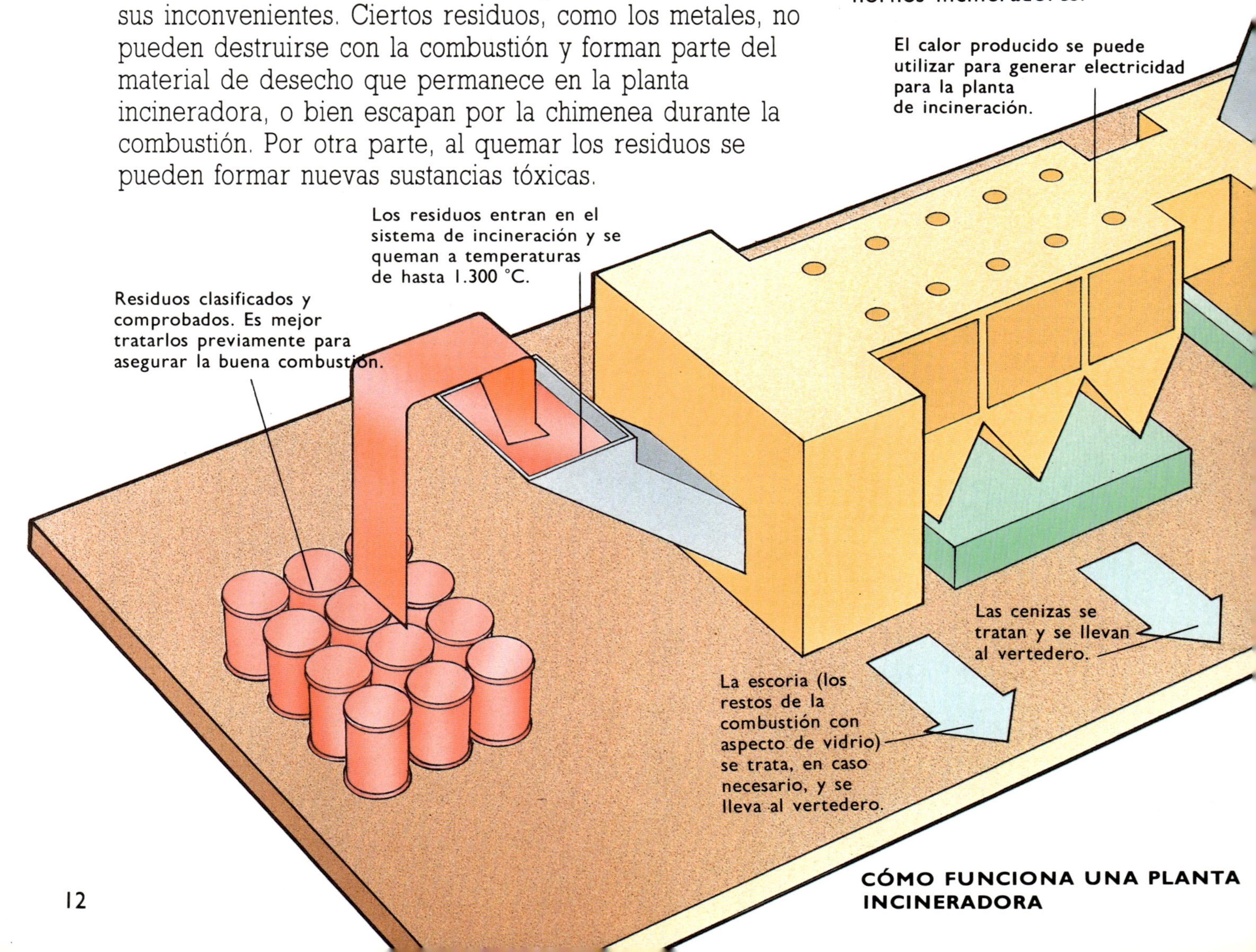

CÓMO FUNCIONA UNA PLANTA INCINERADORA

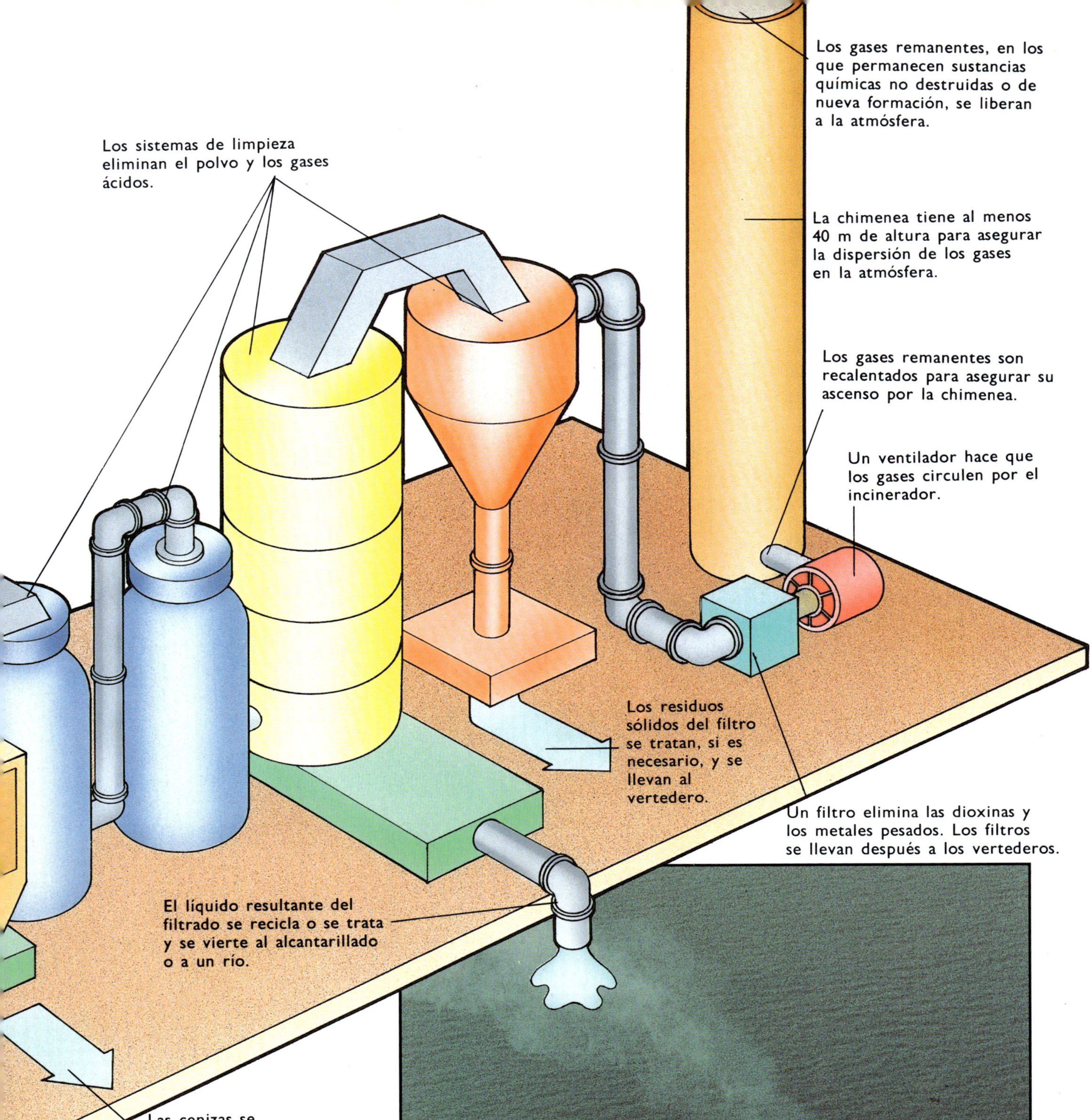

► Durante los años 80, algunos buques incineradores quemaron residuos industriales en el mar del Norte. Esto ocasionó serios problemas, entre otras cosas porque los gases emitidos no recibían ningún tratamiento. Ello hizo que se dejara de utilizar este tipo de buques en 1991.

EL OCÉANO, ENVENENADO

A lo largo de los siglos se ha arrojado al mar una gran cantidad de residuos. Hemos empezado a darnos cuenta ahora de que la vida en los océanos puede resultar fácilmente dañada a causa de la contaminación. Por ejemplo, las aguas residuales y los fertilizantes vertidos al mar pueden producir un crecimiento masivo de algas. Ciertas algas producen toxinas que contaminan los mariscos. El consumo de marisco contaminado puede producir trastornos estomacales y nerviosos. Cada año tienen lugar cerca de cincuenta *explosiones* de algas tóxicas en las costas de Japón.

Más del 40% de los residuos tóxicos llega al mar desde los ríos o se vierte directamente al océano. Otro 33 ó 35% cae desde el aire, procedente de las fábricas o como resultado de la quema de residuos o de la combustión de carbón, gas y derivados del petróleo en las centrales térmicas y en los vehículos. Se arrojan al mar enormes cantidades de arena y sedimentos, que han de ser dragados de los puertos y lechos fluviales para permitir la navegación. Los sedimentos contienen a menudo sustancias tóxicas, sobre todo en las zonas industriales.

▼ ► El vertido de sustancias tóxicas al mar está prohibido en todo el mundo. El vertido de residuos altamente radiactivos se detuvo en 1983, pero parte de lo que fue a parar al mar seguirá siendo peligroso durante miles de años. Las centrales nucleares vierten sus residuos menos nocivos al mar. Por otro lado, los ríos que pasan por zonas industriales transportan sustancias tóxicas hasta el océano. Esta foca enferma sufre, como muchos otros animales, las consecuencias de la contaminación química en el mar del Norte.

VERTEDEROS SUBTERRÁNEOS

El enterramiento ha sido el método más utilizado para almacenar los residuos peligrosos, sobre todo en Estados Unidos. Los residuos pueden someterse a un tratamiento químico antes de ser enterrados para disminuir su peligrosidad al mínimo, aunque esto no siempre es seguro.

Si los residuos tóxicos permanecieran en los vertederos subterráneos no podrían ser dañinos. Pero los residuos pueden filtrarse y alcanzar el medio ambiente. Hay sustancias químicas, como ciertos disolventes, que pueden corroer poco a poco sus contenedores. Las inundaciones y los terremotos afectan al subsuelo y se pueden producir fugas de sustancias tóxicas.

Cuando comenzaron a apreciarse los peligros del enterramiento de residuos, ya habían sido almacenados miles de millones de toneladas. En Europa y Norteamérica hay muchos almacenamientos de residuos peligrosos que necesitan atención urgente. En los Países Bajos hay al menos 350 lugares que son una amenaza inmediata para las personas y el medio ambiente.

► ▼ El mayor problema de los vertederos subterráneos es la contención de los residuos. Este vertedero en Gales (Reino Unido) contiene cenizas de los hornos incineradores. Para evitar que las sustancias tóxicas se filtren al suelo se utiliza una barrera de plástico. Incluso si los residuos se almacenan en bidones, éstos pueden oxidarse o corroerse lentamente, y escaparse su contenido. En algunos países hay leyes que obligan a mantener un control sobre los vertederos, de manera que se puedan detectar las fugas de sustancias tóxicas antes de que causen ningún daño.

La lluvia puede arrastrar los contaminantes tóxicos de los residuos al suelo y a las reservas de agua. Así se contamina el agua corriente que bebemos.

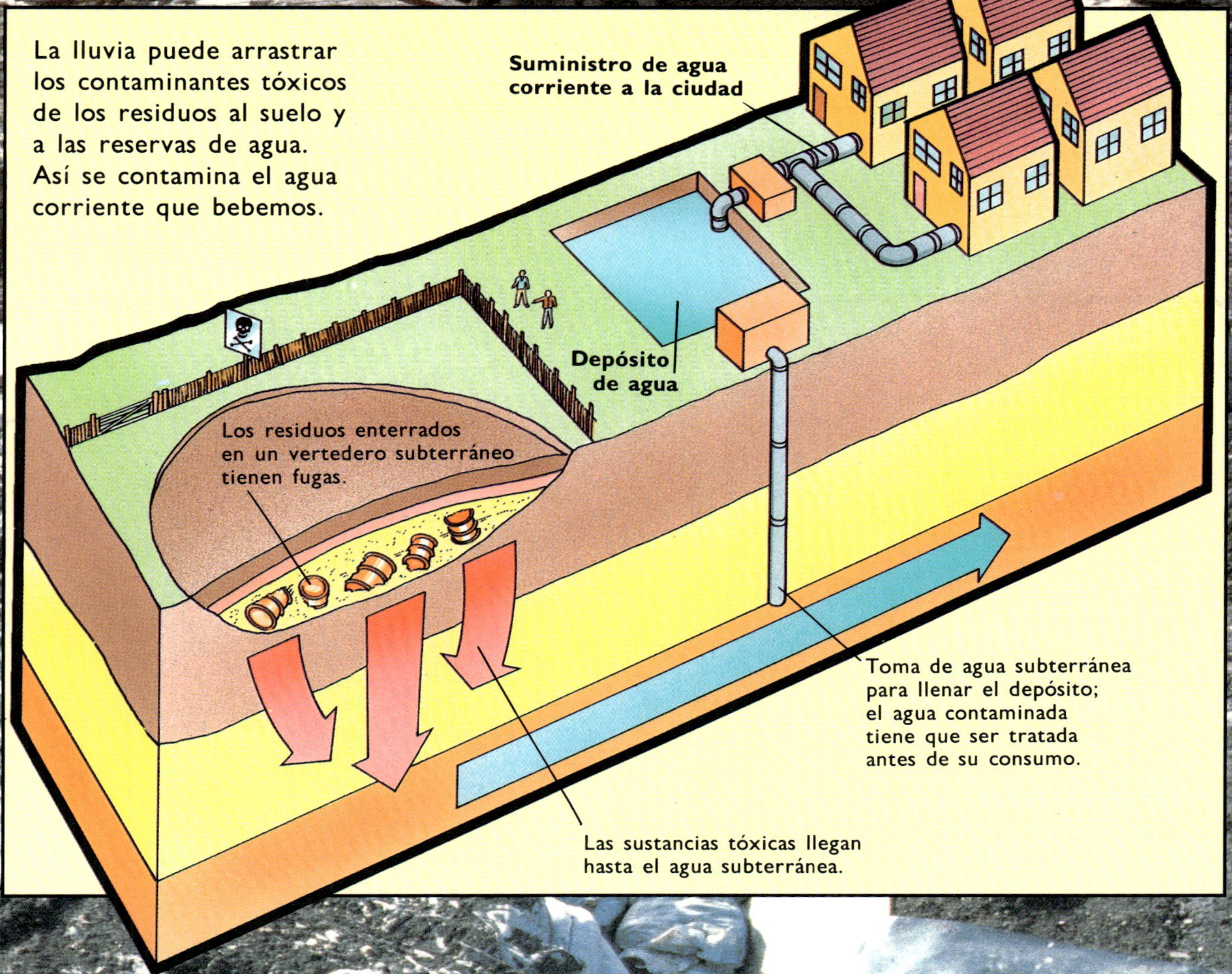

Aquí se muestran algunos de los destinos de los residuos tóxicos de Estados Unidos, Alemania, Suiza e Italia a finales de los 80. Los residuos radiactivos también circulan de unos países a otros. El Reino Unido, por ejemplo, acepta residuos de centrales nucleares de otros países para extraer de ellos el combustible radiactivo no utilizado.

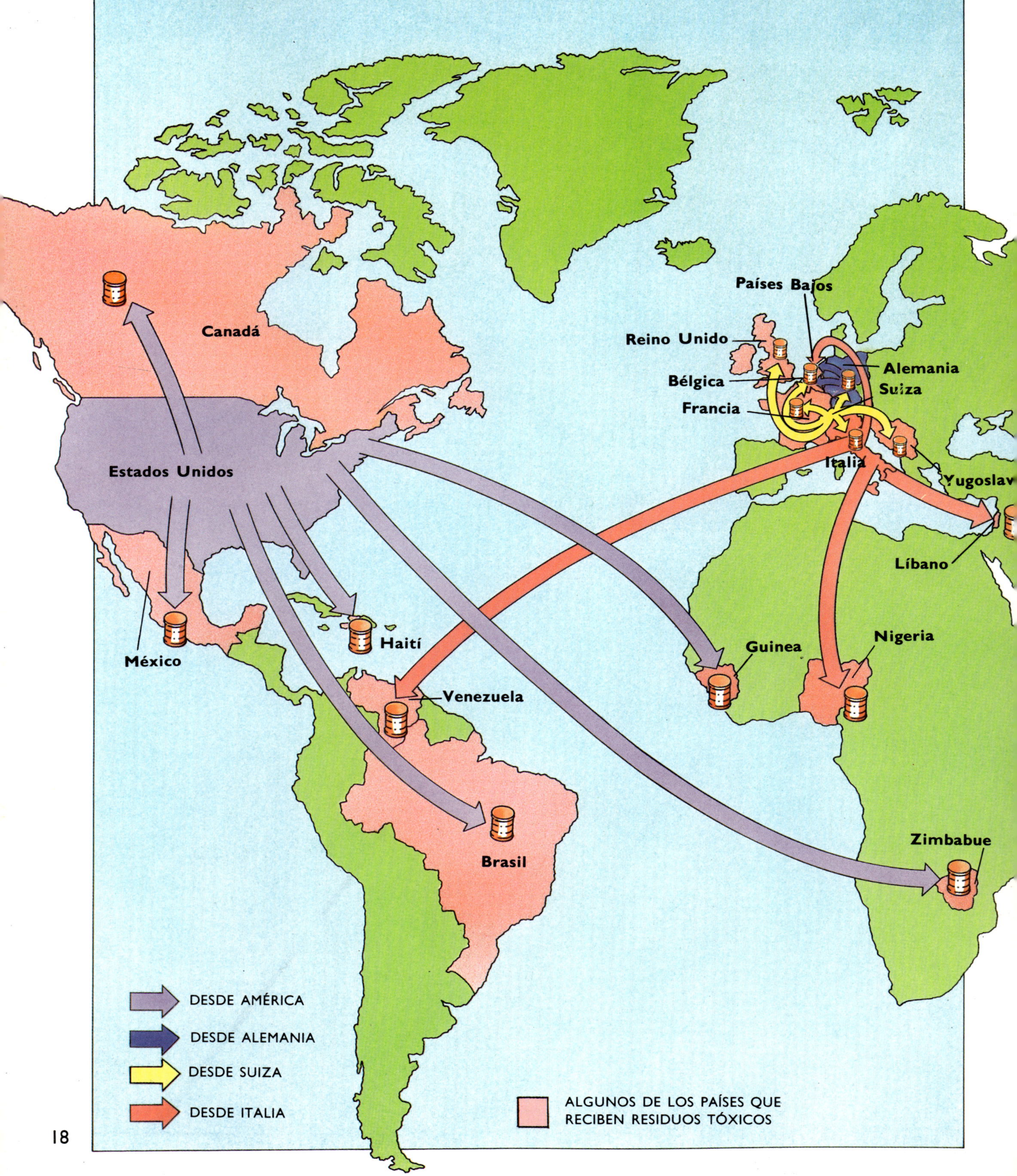

EL COMERCIO DE RESIDUOS

En los últimos años, el público ha ido tomando conciencia del peligro que representan los residuos tóxicos. Esto ha hecho que se hagan más severas las disposiciones legales sobre residuos en muchos países. Las industrias están obligadas por ley a deshacerse de sus residuos de forma segura. Pero esto resulta caro, lo que a veces lleva a que se hagan vertidos ilegales. Se sabe que en ocasiones se han guardado residuos en almacenes vacíos o se han arrojado junto a las carreteras.

Para ahorrar dinero, algunas compañías que producen residuos tóxicos los exportan a países en los que hay una legislación menos estricta. Los residuos se pueden enviar desde países altamente industrializados a otros menos desarrollados. Esta forma de comercio de residuos es particularmente peligrosa, pues los países más pobres carecen de tecnología para tratarlos, por lo que estos residuos suponen una amenaza aún mayor en esos lugares. Algunos residuos tóxicos también circulan entre países industrializados. En 1989, dos millones de toneladas de residuos tóxicos fueron enviados desde los países de Europa occidental a los países del Este de Europa.

▼ En 1988 se descubrió que una compañía italiana había estado vertiendo de forma ilegal residuos tóxicos de varios países europeos en un lugar de Nigeria. El gobierno nigeriano exigió a Italia que los retirase. Los residuos fueron cargados en el buque *Karin B.* y se buscó un país que los aceptara de forma legal. Varios países los rechazaron, en gran parte debido a la conciencia pública de los riesgos de tales residuos. Finalmente, el *Karin B.* se vio obligado a regresar a Italia con su cargamento.

DESASTRES DE LOS RESIDUOS TÓXICOS

Los residuos han dañado el medio ambiente y han afectado la vida de las personas. Entre 1980 y 1985, en Estados Unidos ocurrieron 7.000 accidentes durante el transporte de residuos tóxicos en trenes o en camiones. Estos accidentes liberaron miles de toneladas de productos tóxicos. Miles de personas tuvieron que ser evacuadas, y murieron 139.

En 1971 se vendieron residuos de petróleo contaminados con dioxinas a una compañía química norteamericana con el supuesto fin de que los depurase. En lugar de ello, rociaron el petróleo contaminado sobre las carreteras de tierra de Times Beach, en el estado de Misuri. La gente que vivía allí empezó a padecer fuertes jaquecas y dolores de pecho. En 1983, todos los residentes de Times Beach tuvieron que ser evacuados a otro lugar.

Es probable que muchos antiguos vertederos de residuos tóxicos tengan fugas y causen problemas en el futuro. Algunos están cerca de las ciudades, granjas y depósitos de agua. No podemos predecir qué vertedero será el próximo que amenace la salud de las personas.

► En 1986 se produjo un incendio en una compañía química suiza junto al Rin. Con el calor reventaron los bidones que contenían compuestos peligrosos, y el agua que los bomberos arrojaban sobre las llamas arrastró sustancias tóxicas hasta el río. En las semanas siguientes tuvieron lugar al menos ocho vertidos tóxicos más en las aguas del Rin. Muchos piensan que, después del accidente en Suiza, muchas industrias arrojaron deliberadamente residuos químicos al río. En 100 km de su curso desapareció todo tipo de vida.

En los años 50 se construyó una ciudad sobre un vertedero de residuos tóxicos en las cataratas del Niágara, en el estado de Nueva York. Veinte años después se descubrió que del vertedero emanaban sustancias tóxicas. La gente del lugar sufría problemas respiratorios y dolores de pecho, y se presentaban más casos de cáncer de lo normal. La ciudad fue evacuada. Este suceso se conoció como el desastre del *Love Canal*, y fue el primero que atrajo la atención mundial sobre el peligro de los residuos tóxicos.

¿CÓMO NOS ENVENENAN?

Podemos sufrir los efectos de un compuesto tóxico al respirarlo en el aire contaminado. Ocasionalmente nos pueden alcanzar los gases procedentes de un horno de incineración o de un accidente en una planta química. También podemos tomar alimentos o beber agua que contengan sustancias tóxicas. Aunque es difícil precisar la forma en que ciertas sustancias dañan nuestro cuerpo, se sabe que algunas producen cáncer, problemas en la reproducción, enfermedades de la piel y los huesos, ceguera y trastornos cerebrales.

Durante los años 50 y 60, los habitantes de la ciudad japonesa de Haginoshima utilizaron el agua de un río contaminado con residuos industriales para sus cultivos. Las cosechas absorbieron cadmio del agua. El cadmio que contenía el arroz provocó debilidad de huesos en las personas que los comieron. En 1968 habían muerto al menos 100 personas.

Los residuos tóxicos también envenenan la vida salvaje. Cuando los residuos de las industrias alcanzan los ríos o el mar, pueden acabar con las plantas y los animales.

▼ En los años 50, una industria química japonesa vertió residuos que contenían mercurio en la bahía de Minamata. Nadie imaginaba la tragedia que ello iba a causar. El mercurio se concentró en los peces. Las personas que comieron pescado empezaron a padecer convulsiones, parálisis, y más de 40 de ellos murieron. Miles de personas, como este muchacho, quedaron afectadas en mayor o menor grado.

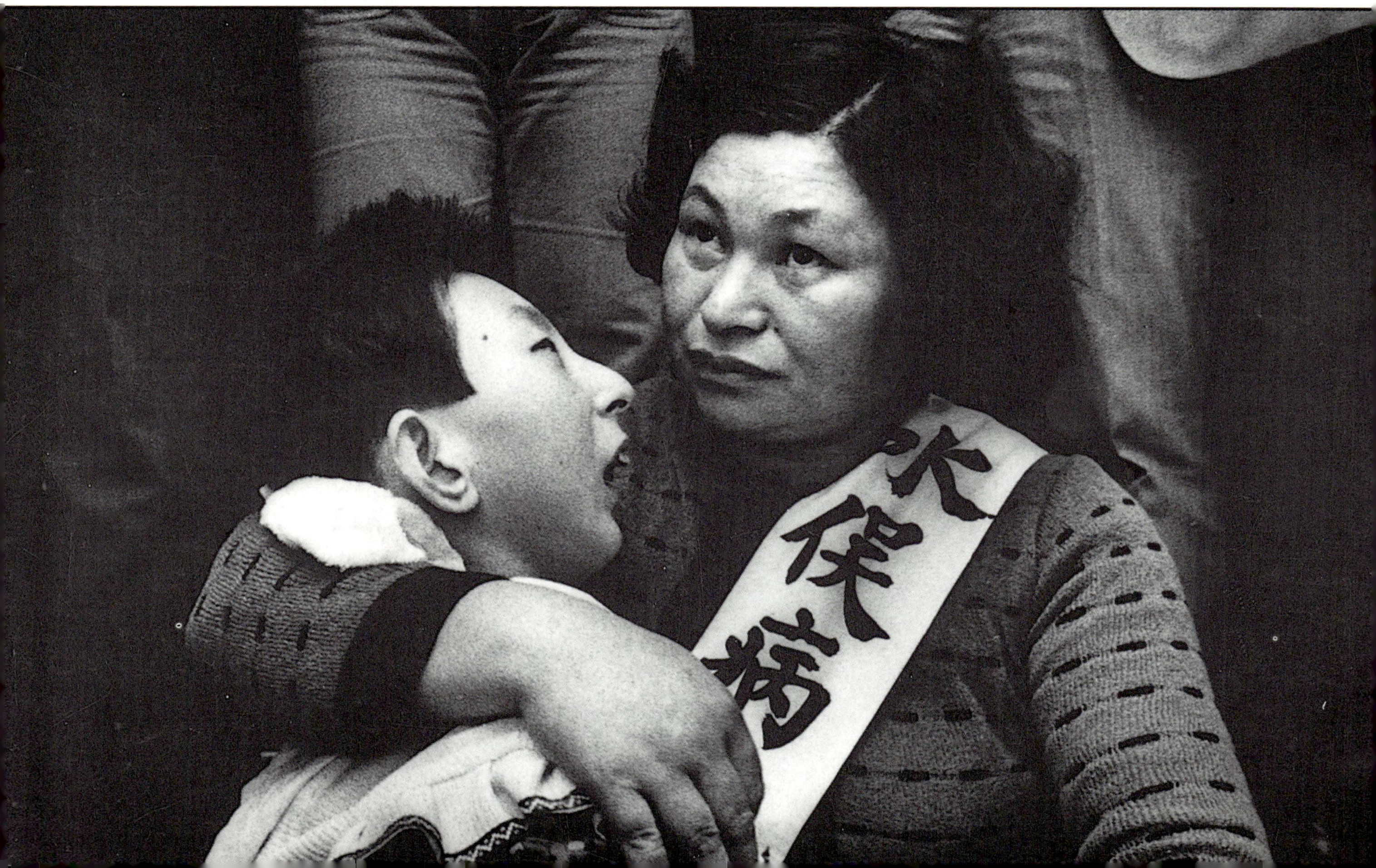

► Algunas sustancias tóxicas no se degradan fácilmente de forma natural. Las plantas y animales que ocupan la base de una cadena alimentaria (como los que forman el plancton) ingieren estas sustancias y no pueden deshacerse de ellas. Los eslabones siguientes de la cadena, los peces, se alimentan con el plancton contaminado y acumulan niveles tóxicos más altos. Los animales que se encuentran en la cima de la cadena pueden acumular cantidades peligrosamente altas de venenos en sus cuerpos. Por ejemplo, las aves de presa y las focas han sufrido esterilidad como resultado de la acumulación de altos niveles de compuestos organoclorados.

CÓMO SE ACUMULAN LAS SUSTANCIAS TÓXICAS EN LA CADENA ALIMENTARIA

ALTERNATIVAS

Los que se preocupan por el tema de los residuos tóxicos han subrayado la responsabilidad que tienen las industrias en el deterioro del medio ambiente. Esto ha llevado a que muchas de ellas investiguen y desarrollen alternativas para deshacerse de sus residuos.

Las leyes intentan conseguir que los residuos tóxicos se manejen de forma segura. Pero, además, es preciso tomar una serie de medidas conjuntas para reducir los peligros de los residuos tóxicos. Dinamarca ya tiene un sistema de tratamiento de residuos altamente organizado: los residuos se llevan a una planta donde sufren un tratamiento químico o son incinerados, y el calor producido por la combustión de los residuos se aprovecha para las calefacciones en las ciudades. Esta técnica se está empezando a aplicar también en otros países. En todo caso, es necesario poner un cuidado extremo para evitar que el medio ambiente resulte perjudicado por las partículas tóxicas y las cenizas procedentes de los incineradores.

Mejor aún sería evitar la producción de residuos tóxicos. Ésta es una alternativa realista para muchas industrias: algunas compañías han conseguido eliminar los residuos en un 95%. El reciclaje es otra opción que disminuye los residuos y puede ahorrar dinero a los fabricantes.

▲ Si las industrias no vierten residuos tóxicos en el alcantarillado, las aguas residuales pueden convertirse en una alternativa para abonar los jardines. Esto ayudaría a resolver el problema del destino de las aguas residuales.

► Los residuos líquidos de una industria química en Billingham (Inglaterra) se tratan filtrándose por unas cepas. Las bacterias que hay en ellas se *comen* los residuos.

Las industrias no contaminantes pueden ser la respuesta a los problemas de los residuos tóxicos. Ello significa la utilización eficiente de los recursos produciendo el mínimo de desechos tóxicos. Los investigadores están encontrando diversas maneras de conseguirlo y de producir bienes de larga duración, lo que ahorrará recursos. Un ejemplo de producción *limpia* es la sustitución de los disolventes organoclorados por disolventes no tóxicos solubles en agua.

Producto diseñado para utilizar el mínimo de materias primas, agua y energía.
Cualquier residuo que quede no será tóxico.
El proceso de fabricación debe diseñarse para producir la mínima cantidad de residuos y reciclar los recursos, como, por ejemplo, el agua.
Cuando el producto deja de ser útil, éste, o los elementos que lo componen, debe ser reciclable.
El producto debe diseñarse para ser útil y de larga duración. Debe ser reutilizable (como ciertas botellas de vidrio) siempre que sea posible.
PRODUCCIÓN NO CONTAMINANTE

¿QUÉ PUEDES HACER TÚ?

Tú también puedes ayudar a que disminuya la cantidad de residuos tóxicos:

- Al comprar, elige productos *amigos del medio ambiente*.
- Utiliza todo el contenido de los botes de pintura y disolventes antes de tirarlos.
- Compra productos que lleven envases biodegradables.
- Cuando sea posible, utiliza los contenedores de reciclaje en vez de tirar todo a la basura. Averigua dónde puedes echar las botellas, el papel y las latas. Lleva las pilas usadas al establecimiento donde las compraste.

DIRECCIONES ÚTILES

Amigos de la Tierra
C/ Julián Romea, 5
16001 Cuenca

Greenpeace España
C/ Rodríguez San Pedro, 58
28015 Madrid

Centro de Estudios de Tecnologías Alternativas
Barrio Estación
24830 Matallana de Torio (León)

Societat Catalana d'Educació Ambiental
C/ Aragón, 281
08009 Barcelona

CIEMAT (Centro de Investigaciones Energéticas y Medioambientales)
Departamento de Información y Documentación
Avenida de la Complutense, 22
28040 Madrid

Haz un mural

Es muy importante que la gente tome conciencia de los problemas que causan los residuos tóxicos. Una forma de advertirlos de ello puede ser haciendo un mural. Haz uno y cuélgalo en tu cuarto o en el colegio.

1. Piensa un titular que llame la atención.

2. Realiza una ilustración que ponga de relieve el peligro que supone el vertido de residuos tóxicos. También puedes recortar fotografías de revistas y hacer un *collage*.

3. Resume en 4 o 5 líneas lo que son los residuos tóxicos y los efectos perjudiciales que acarrean.

4. Sugiere algunas cosas que se pueden hacer para que los residuos peligrosos no sigan perjudicando el medio ambiente.

5. También puedes incluir algunas direcciones de contacto útiles para informarse mejor sobre estos problemas, o de las asociaciones que se preocupan por los temas ecologistas.

1 # ¡RESIDUOS PELIGROSOS!

2

3 TODOS LOS DÍAS SE TIRAN MILES DE TONELADAS DE RESIDUOS PELIGROSOS. EN MUCHOS LUGARES DEL MUNDO, ESTOS VENENOS AMENAZAN LA SALUD DE LAS PERSONAS Y DEL MEDIO AMBIENTE. DEBEMOS REDUCIR LA CANTIDAD DE RESIDUOS QUE PRODUCIMOS.

5 DIRECCIONES ÚTILES

4 ## ¿QUÉ PUEDES HACER TÚ?

- COMPRA PRODUCTOS "AMIGOS DEL MEDIO AMBIENTE".
- NO TIRES RESIDUOS TÓXICOS O PELIGROSOS, COMO PINTURAS, DISOLVENTES, QUITAESMALTES, ETC.
- RECICLA TODA LA BASURA QUE SEA POSIBLE.

FICHA DE SÍNTESIS

Legislación

Las leyes pueden ayudar a controlar los residuos tóxicos. En Dinamarca, Suecia, Alemania y Estados Unidos se han aprobado leyes estrictas que obligan a las industrias a reducir la producción de residuos. En 1988, en Canadá, un almacén que contenía BPCs tóxicos se incendió, liberando dioxinas en forma de gas (arriba). Nadie estaba vigilando el almacén. Unas leyes más estrictas y severas pueden prevenir accidentes como éste.

Disolventes peligrosos

Los disolventes se utilizan para la limpieza en seco de ropa, para quitar el esmalte de las uñas y para rebajar la pintura, entre otras cosas. Ciertos disolventes como los organoclorados pueden ocasionar problemas ambientales, porque se evaporan muy deprisa. Hasta el 70% de algunos disolventes se escapa a la atmósfera durante su utilización. Y parece ser que estas sustancias, una vez en el aire, dañan las hojas de los árboles y el medio ambiente.

Los residuos tóxicos como recurso

Los residuos pueden ser valiosos si se reciclan o se reutilizan. Los residuos que contienen disolventes pueden tratarse para obtener disolventes puros, que se pueden utilizar de nuevo. Entre Europa y Estados Unidos tiene lugar un intercambio de residuos. Así, los residuos de una compañía son comprados por otra para ser utilizados en su propio proceso de fabricación. Los intercambios de residuos suelen ser beneficiosos para ambas partes. Los residuos también pueden generar energía. En la descomposición de ciertos materiales, como los restos de alimentos y los abonos de jardín, se libera gas metano. El metano es un peligroso explosivo si se acumula en ambientes cerrados, pero si se recoge y se quema en tanques especiales (a la izquierda), puede suministrar calefacción y energía para uso local. En Madrid se está llevando a cabo un plan experimental de recogida selectiva de basuras, de manera que la basura orgánica se pueda reciclar para abono.

Libertad de información

La información sobre los vertidos de residuos tóxicos de las fábricas y la localización de vertederos no siempre está a disposición del público. Esto se debe a que ciertas industrias tienen que mantener sus procesos de fabricación en secreto. Pero es importante que la información esté disponible cuando la salud y la seguridad de las personas está en peligro.

Las playas

Es evidente que algunos residuos tóxicos se vierten al mar, porque a veces aparecen en las playas. Cuando esto sucede, la playa tiene que cerrarse al público para que nadie entre en contacto con las sustancias nocivas. Así nos protegemos nosotros, pero nada protege a los animales que viven allí.

La inversión

Los altos costes frenan a las compañías a la hora de instalar equipamiento para una producción *limpia*. La industria tiene inmensas cantidades de dinero invertidas en la maquinaria que utiliza, y cambiarla por otra de tecnología más avanzada y *amiga del medio ambiente* puede ser algo muy costoso. Sin embargo, a largo plazo, los nuevos métodos permiten ahorrar dinero al ser más eficientes y reciclar los materiales. Esto puede persuadir a la industria para que adopte los métodos de producción no contaminante.

Europa del Este

Desde que las revoluciones de 1989-1990 abrieron a Occidente la Europa del Este, los graves problemas de contaminación salieron a la luz (arriba). En Polonia se generan cerca de 30 millones de toneladas de residuos tóxicos al año. Las dos terceras partes de los mismos se arrojan en vertederos incontrolados. En Ziar (Checoslovaquia), una fábrica de aluminio emite enormes cantidades de humo tóxico al aire. Para limpiar esta contaminación, Europa del Este necesita el dinero y la tecnología de los países occidentales.

El principio de precaución

Hay tantas sustancias químicas que es imposible que se conozcan los efectos que cada una de ellas puede tener sobre el medio. Normalmente la gente no se da cuenta de lo peligrosas que son algunas hasta que éstas la afectan. El principio de precaución urge a las personas que elaboran productos químicos. No deben permitir su utilización hasta que los ensayos demuestren que son seguros y que no generarán residuos tóxicos.

VOCABULARIO

BPCs (bifenilos policlorados): Sustancias utilizadas principalmente en la industria electrónica. En el medio ambiente se descomponen muy despacio. Pueden resultar venenosos y se cree que afectan a la reproducción de algunos animales marinos y también a las personas. El uso de los BPCs está prohibido en algunos países.

Cadena alimentaria: Conjunto de seres vivos que dependen unos de otros para alimentarse. Cuando una sustancia tóxica afecta a las plantas o animales que constituyen un eslabón de la cadena, puede que éstos sean incapaces de eliminarla de su cuerpo. Al ser comidos por otros animales, el veneno pasa al cuerpo de éstos, de manera que los depredadores que se sitúan en la cúspide de la cadena alimentaria pueden acumular cantidades peligrosas de sustancias tóxicas.

Dioxinas: Sustancias tóxicas del grupo de los compuestos organoclorados. Existen al menos 75 tipos distintos de dioxinas, y pueden ser muy dañinas para las personas.

Disolvente: Sustancia que puede disolver otras. El quitaesmaltes de las uñas es un disolvente, pues disuelve la laca de uñas. El agua es un disolvente universal, pues disuelve más sustancias que ningún otro. Algunos disolventes pueden ser dañinos para el medio ambiente.

Incineración: Combustión de residuos a temperatura muy alta. Ciertos desperdicios industriales y parte de la basura doméstica se tratan de esta manera. La incineración puede producir sustancias tóxicas, pero sus efectos en el ambiente dependen del tipo y cantidad de materiales nocivos producidos y de la forma en que se eliminen después de la combustión.

Organoclorados (compuestos): Grupo de sustancias que contienen carbono, hidrógeno y cloro. La mayor parte de ellos no existen en la naturaleza.

Radiactividad: Proviene de la desintegración del átomo, que en el proceso emite pequeñas partículas y, a veces, rayos. Algunos tipos de radiactividad son extremadamente peligrosos durante un largo período de tiempo para los seres vivos. En las centrales nucleares, laboratorios de investigación y centros médicos se producen residuos radiactivos que deben mantenerse alejados de los seres vivos. No pueden destruirse, y sólo van perdiendo actividad a un ritmo propio que puede durar miles de años.

Residuos: Cualquier cosa que deja de ser útil. Las latas de refresco vacías, los desechos químicos industriales y el agua que se ha usado para lavar pueden considerarse residuos. La mayor parte de los residuos puede reutilizarse o ser recursos reciclables.

ÍNDICE ALFABÉTICO